KİMYASAL ELEMANLARI
PERİYODİK TABLO

Çevremizdekineredeyse sonsuz nesneler ve malzemeler aslında kimyasal elementlerin sadece sınırlı sayıda oluşur . Biz 91 yeryüzünde doğal olarak var olduğunu bugün biliyoruz . Onlarevrenin meydana geldi kısa bir süre sonra kuruldu hidrojen ile başlar . Diğer 90 yakma yıldızlıçekirdeğinde yer alan nükleer reaksiyonlar veyayıldız ölünce bazen üretilen süpernova denilenfelaket patlamalar yoluyla yapılmıştır . Birkaç daha fazla elemanlaboratuvarlarda yapay yapılır.

Her eleman farklı davranır vetüm diğerleri farklı özelliklere sahiptir . Elementlerin kimyasal özellikleri ve kimyasal oluşturan bileşikler hakkında bilgileri organize bir sistem çok önemlidir. Modern periyodik tablo , öncelikle masa benzer özelliklere sahip tümelemanları dikey sütuna düştü böyleceyatay sıralarelemanları, diğer altında bir satır ile kılolarına göre 1869 yılında yerleştirilen yayınlananRus kimyacı Dimitri Mendeleyev çalışmalarına dayanmaktadır . Bilgi birikimi ile20. yüzyılatomunyapısı hakkında elde olarak ,elemanları siparişdoğru yolu keşfedildi vebugünkü periyodik tablo formüle edilmiştir .

Proton , nötron ve elektronlardan oluşur Atomlarelementlerin temel bileşenleridir . İngiliz fizikçi Henry Moseley ne her elemanındavranışını belirlerçekirdeğindeki proton ve nötronlarıntoplam sayısının bir ölçüsüdür atom numarası , çekirdeğinde bulunan protonsayısı değil, onun atom ağırlığı olduğunu göstermiştir . Periyodik tablodaelementler siparişdoğru yolu kendi atom sayısına göre bu nedenle oldu . Belirli bir elementinatomlarının proton aynı sayıda , ancak bunlar nötron farklı sayıda olabilir. Bu izotoplar denir veatom ağırlığıperiyodik tabloda bir elementinpozisyonunun güvenilmez bir göstergesidir neden kendi varlığını açıklar vardır .

Elemanlar süreleri adı satırlarda atom sayıları sırasına göre düzenlenmiştir. Bir süre boyunca sağa sola hareket eden , olmayan metaller olanlar için metal olan unsurlardan bir geçiş vardır . Periyodik tablonun dikey sütun grupları olarak adlandırılır. Bir grup içindeki tüm unsurları , benzer kimyasal özelliklere sahip olan ve bazen elemanlarının aileleri olarak adlandırılır.

NEDEN BİR GRUP İÇERİSİNDE ELEMANLARI BENZER KİMYASAL DAVRANIŞLARI VAR MI

Atom numarası negatif yüklü elektronlar , belirli bir elemanın atomu içerdiği kaç tespit eder ve bu elemanlar birbirleriyle reaksiyona belirlemek çekirdeğini dönen elektronlaryapıdır. Bu tepki zaman atomun valans veya dış , kabuk elektronların bu dağılımı, diğer atomuna maruz kalmaktadır. Kimin değerlik kabukları tamamen dolu son derece kararlı olan ve neredeyse başka hiçbir şey ile tepki görünüyor elemanları. Eksik kabukları sahip olanlar , bu kabukları tamamlayacak bir şekilde diğer atomlar ile reaksiyona eğiliminde olacaktır. Benzer değerlik kabuğu yapılandırma ile atomlar benzer kimyasal özelliklere sahip . Periyodik tablodaaynı gruptaki elementler değerlik elektronaynı sayıda .

Periyodik tablo, daha sonra elektronlar belirli bir elementin atomlarının kendilerini düzenlemek hangiyol haritasıdır. O bulunursa hangisatır ve sütun dayalı bir elemanınkimyasal davranışlarını tahminyeteneğiperiyodik tablo biliminuygulayıcıları için paha biçilmez bir referans aracı haline getirir.

HİDROJEN
Atom numarası : 1
Kimyasal Sembol: H
Grup : 1A

Hidrojen tek bir elektronun tarafından çember çekirdeğinde olarak hizmet veren tek bir protondan, daha fazla şey oluşur. Sadeliğievrendeki tüm atomların % 93 oluşturan, bugüne kadaren bol bulunan elementtir açıklamaya yardımcı olur. Hidrojen, koku veya tat sahip bir gazdır tamamen renksiz ve son derece flammable.the oksijen ile hidrojen kombinasyonu, en yaygın bileşik üretir, water.hydrogen organik bileşikler içerdiği, parfümleri, yaşayan organizmalar içinde mevcut biyolojik bileşikler, , boyalar, böcek ilaçları, DNA'lar ve proteinler ! Liste uzayıp gidiyor !

HELYO
Atom numarası : 2
Kimyasal Sembol: O
Grup VIII A -soy gazlar

Bütün soy gazlar gibi, helyum renksiz ve odourless.together hidrojen ve helyumevrende elementlerin şaşırtıcı bir % 99.9 oluşturmaktadır. Adını' güneş ' anlamına gelen Yunanca ' Helios ' geliyor. Güneşten Helyum hidrojenfüzyon tarafından üretilir. Bu reaksiyongüneş uzaya yayarenerji sağlar. Helyum düşük bir yoğunluğa sahiptir ve termal 'gürültü ' uzak galaksilerden gelen verileri almak için daha kolay ve daha güvenilir hale kaldırmak için helyum gelenson derece soğuk sıvı kullanmak air.astrnomers yılında zeplin ve canlılık için oyuncak balonlar nedenle yararlıdır.

LİTYUM
Atom numarası : 3
Kimyasal Sembol: Li
Grup IA-Alkali metaller

Metal lityum son derece reaktif ve düşük yoğunluklu, uçak ve uzay kullanılan yapısal güçlü alaşım oluşturmak için alüminyum ile birleştirir. Ayrıca kameralar, kalp pili ve hesap kullanılan küçük piller pozitif terminali veya anot olarak kullanılmaktadır. Lityum hidroksit çok etkili bir hava temizleyici olduğunu. Bu lityum karbonat oluşturmak üzere havadan CO_2 absorbe eder. Lityum herhangi bir elemanın en yüksek ısı kapasitesine sahiptir. Bu özellik, bu ideal bir ısı transfer malzemesini yapar ve uranyumbölünmesi ile üretilen ısıyı emmek için bir nükleer reaktörlerde kullanılıyor.

Tıpta , lityum karbonat ve lityum sitrat manik -depresif hastalık çok etkili bir ruh hali stabilize edici olarak bilinmektedir.

BERYLLIUM
Atom numarası : 4
Kimyasal Sembol: Be
Grup IIA- toprak alkali metaller

Saf haliyle , Berilyum oldukça sert , gri - beyaz metal , bir ışıktır . Alkali toprak grubunu oluşturan tüm metaller gibi, çok fazla kimyasal olarak reaktif serbest halde bulunan olmaktır . Mineral berilyum Mevduatı Brezilya , Arjantin veABD üzerinde dağıtılır . Berilyum Kristaller onların zarif bir görünüm için bilinir . Zümrüt ve akuamarin hem de doğal olarak bu mineralin değerli formları yaşanıyor . Berilyum 1932 yılındanötronunkeşfi önemli bir rol oynadı ve atom çekirdeğinin üzerine yapılan araştırmaların yararlı kalır .

BOR
Atom numarası : 5
Kimyasal Sembol: B
Grup III A

Bor sert , kırılgan , metalik olmayan bir elementtir . Genellikle bir temizlik maddesi ve su yumuşatıcı olarak kullanılan bir bileşik, adı boraks oksijen , su ve sodyum ile bağlıdır. Su yumuşatılır zaman, magnezyum ve kalsiyum , nispeten zararsız bir şekilde sodyum ve potasyum ile değiştirilir. Başka bir bor bileşiği Pyrex'tir , mutfaklarda kullanılan ısıya dayanıklı özel cam yapmak için kullanılan endüstriyel ACED borik olduğunu. Boron ' çubuklar ' nükleer reaktörlerinkullanımı çok önemlidir. Bu nedenle , reaktör tarafından üretilen güç kontrol nötron emmek için bir reaktöre düşürülebilir.

KARBON
Atom numarası : 6
Kimyasal sembolü : C
Grup IV A

Karbon kütleceyerkabuğunun sadece % 0.09 temsil , henüz gezegenimizdeki yaşam için en önemliunsurdur . Karbon atomlu düz ya da dallı olan uzun zincirler oluşturmak için diğer karbon atomları ile bağlantı kurmak için , atom yeteneği organik dünyadaki merkezi bir konuma borçludur. Tüm canlılarıngenetik materyal bulunanDNA'da böyle bir uzun zincirli molekül. Elemanlar allotropes olarak adlandırılan çeşitli doğal formlarda mevcut olabilir. Karbon grafit , kömür ve en dikkat çekici şekilde elmasalotropik formlarda bulunur .

AZOT
Atom numarası : 7
Kimyasal simgesi : N
Grup V A

Azot , herhangi bir anlamda uyarma özelliği yoksun ve biz hava solumak gibi sürekli büyük miktarlarda nefes . Bu Dünya'nın atmosferi hacminin bazı % 78 kadar yapımgazları hakim . Nitrojen yüzlerce tarım ve sanayi olan en önemli için çok önemli olan bileşiklerin binlerce amonyaktır. Bu gaz formunda, genellikle azot uzak Diğer, daha reaktif atmosfer gazları tutmak önemlidir olduğu durumlarda kullanılmaktadır. Mantar çıkarıldıktan sonra Örneğin, şarapoksidasyonunu önlemek için , şarap şişeleri genellikle nitrojen ile doldurulur .

OKSİJEN
Atom numarası : 8
Kimyasal sembolü : O
Grup VI A

Oksijen su ve kayalar ve mineraller bir muazzam çeşitliyerkabuğununatmosferde var . Bu yaşam ve vücudumuzda her biyolojik molekülün parçası için esastır . Birçok doğal süreçler oksijen tüketmelerine rağmen , sürekli böylece sürekli tüketilen ve sürekli üretilen bitkilerde fotosentez tarafından doldurulan. İngiliz kimyacı Joseph Priestley oksijenkeşfi ile yatırılmaktadır . O cıva bir oksit ısıtılır ve kapalı verdigazı son derece parlak bir alev ile yakmak içinmum neden olduğunu kaydetti . Gaz oksijen oldu!

FLOR
Atom numarası : 9
Kimyasal sembolü : F

Grup VII A-halojenler
Florküçük, en hafif veen reaktif halojen . Bu gruptaki tüm atomuna kolayca tuzları oluşturmak için metaller ile birleştirir. Dünya sodyum florid birçok yerinde kamu su kaynaklarının ilave edilir. Araştırma flor küçük miktarlarda dış boşlukların gelişimini geciktirmek göstermiştir . Hidrojen varlığında , florin patlama kuvveti su şekillerde hidroflorik asit içinde çözülmüş , hidrojen florür üreten yakar. Bu son derece tehlikelidir . Bununla birlikte, cam eritmek için kullanılan ve cam nesneleri tasarım aşındırma için kullanılır.

NEON
Atom numarası : 10
Kimyasal sembolü : Ne
Grup VIII A -Noble Gazlar

Tüm asil gazlar gibi neon monoatomik olduğunu. Mağazası ve restoran pencerelerdetanıdık neon tabelalar bir elektriksel boşalma ile enerji verildiğinde parlıyor neon gaz içerirler. Bu durumda, gaz içinde neon atomuna turuncu - kırmızı ışık şeklinde radyasyon yaymak. Farklı gazların değişik renk belirtileri üretmek için kullanılır. Heyecanlı Her gaz, kendine özgü renk yayar. Ticari neon hava sıvılaştırma tesisleri üretilmektedir. Neon -229 derece Santigrat arasında bir kaynama noktasına sahip olduğu için daha uçucu olan nitrojen, oksijen ve kapalı kaynatıldı sonra, bir tortu olarak kalır!

SODYUM
Atom numarası : 11
Kimyasal sembolü : Na
Grup IA-Alkali Metal

Sodyum su ve bıçakla kesilecek kadar yumuşak üzerinde şamandıra kadar son derece reaktif parlak gümüş metal ışıktır. Bu yaygın toprak dağılmış bulunan birçok önemli bileşiklerin bir parçasıdır. Sodyum klorür, sofra tuzu içinkimyasal isim, doğal tuz yataklarından büyük miktarlarda çıkarılmaktadır. Yaygın kabartma tozu olarak bilinen sodyum bikarbonat, ısıtılmış veya pasta hamur yükselişi pişmiş ne zaman pişmiş ürünler artış yapmak için kullanılır. Ayrıca aşırı mide asitliğini nötralize ve yangın söndürücülerin bir ajan olarak kullanılır.

MAGNEZYUM
Atom Numarası : 12
Kimyasal symbol: Mg
Grup II A- toprak alkali metaller

Magnezyumdünyanın okyanuslarçözünmüş malzemenin neredeyse sınırsız kaynağı içeren deniz suyunda böyle büyük miktarlarda bulunur. Onun en büyük avantajı aynı zamanda otomobil ve uçak parçaları, elektrikli el aletleri, çim biçme makinesi gövdeleri ve yarış bisikletleri imalatı için ideal kılan çok hafif olmasıdır. Birkaç enzim düzgün işlemesi için önemlidir, çünkü magnezyum da aynı zamanda insanlarda doğru beslenme için önemlidir. Ayrıca tüm yeşil bitki hücrelerinde bulunanyeşil klorofilmakyaj önemli bir rol oynar.

ALÜMİNYUM
Atom numarası : 13
Kimyasal simgesi : Al
Grup III A

Genellikle, oksijen ile birlikte doğada bulunan, alüminyumkabuğunun en bol metaldir. Bu elektrik hafif ve iyi bir iletken, bu ürünlerin geniş bir yelpazede için ideal bir madde kılan iki özelliği vardır. Bu radyasyon mükemmel bir reflektör ve antenler, ısı reflektör, ve güneş ayna çeşitli için kullanılır. Bu diğer özelliklerin dışında, alüminyum oldukça reaktiftir. Bu, genellikle aşınmaya dayanıklı olarak kabul edilir, böylece çevre ile başka reaksiyonlar engelleyen bir oksit tabakası oluşturmaktadır. Alüminyum aynı zamanda, toksik olmayan, kokusuz ve tatsız.

SİLİKON
Atom numarası : 14
Kimyasal Sembol: Si
Grup IV A

Oksijen kimyasal olarak bağlanmış silikon bileşikleri,dünyanın kum, kaya ve toprağın en oluşturur. Bugün silikon mikroelektronik endüstrisinintemelini oluşturur. Basılı devrelerde silikon yongalarınkullanımı mümkündaralma oda kucağına dinlenme olanları içine bilgisayarları büyüklüğünde yaptı. En önemli silikon bileşik iki form - kuvars ve çakmak var silika olduğunu. Küçük taşlar ve yarı kıymetli taşlar renkli pisliklerle kuvars kristalleri vardır. Silika cam üretiminde kullanılır. Seramik ve silikonlar, silikon bazlı bileşiklerin diğer önemli sınıflardır.

FOSFOR
Atom numarası : 15
Kimyasal sembolü : P
Grup VA

Fosfor 1669 yılında hekim Hennig Brand tarafından keşfedildi. Vuruldu haşlanmış idrarkalıntı damıtılmış vekaranlıkta parıldıyordu ve sıcak havaya alevler bir şey elde. Fosfor ve ışık emisyonu hala yakamoz olarak bilinenfenomen bağlantılıdır. Çinko sülfit hızlı hareket eden elektronların çarptığı zaman ışık Sintilasyonları verirfosforlu malzemedir. Televizyon tüpünün kaplama üzerindeki bu etkinin,televizyon görüntü üretir. Ticari olarak kullanılan hemen hemen bütün fosfor fosforik asit yapmaktır. Başlıca kullanım fosfor olmadan gübreler - topraküretiminde olduğu çorak. Yaygın yani kırmızı ve sarı iki formda bulunan ,eski emniyet maçlar yapmak için kullanılır.

KÜKÜRT
Atom numarası : 16
Kimyasal sembolü : S
Grup VI A

Kükürt serbest element halinde ve yaygın olarak dağıtılan maden ve şeklinde hem doğada bulunan bir reaktif olmayan bir metaldir. Sülfür Bazı yaygın mineraller genellikle'aptal altın' olarak bilinen alçı yani kalsiyum sülfat ve pirit vardır. , Suni gübre yapımında gıda muhafaza, tekstil beyazlatma ve metal temizleme onların öneminin yanı sıra, Kükürt bileşikleri, cevherlerden metallerin geri kazanılması kauçuk, deterjanlar, boyalar ve renklendiriciler ve sentetik elyaf yapımında diğer kullanımlar yüzlerce var. Gerçekten de endüstriyel gelişme bir ülkenin seviyesi Sülfür kişi başına düşen tüketim tarafından belirlenir .

KLOR
Atom numarası : 17
Kimyasal sembolü : Cl
Grup VII A-halojenler

Klor zehirli bir sarımsı yeşil atomlu bir gazdır . Küçük bir miktar bile teneffüs ciddi akciğer hasarına neden olabilir . Chorine toksisitesi bu yüzme havuzları ve su kaynakları için mükemmel bir dezenfektan yapar . Klor önemli bir bileşiği, hidrojen klorid , hidroklorik asit üretmek için su içinde çözünen bir gazdır. Hidroklorik asit sindirim enzimleri proteini aktif hale getirmek için gerekli olan mide mide suyunda mevcuttur. Klor büyük miktarda böcek ilacı üretmek için kullanılmıştır. Onlar çevre kirletici olarak kabul edilir gibi birçok yakın yasaklandı .

ARGON
Atom numarası : 18
Kimyasal symbol: Ar
Grup VIII A -Noble Gazlar

1894 yılında , argon keşfedilenilk soygaz oldu . Onun ticari uygulamalar reaktivite onun eksikliği faydalanmak . Argon kaya örnekleri flört için kullanılan önemli bir radyo - izotop bozunma ürünü , potasyum - 40.The tekniği potasyum - argon tarihleme denir. Potasyum 1,25 milyar yıllık çok uzun bir yarı ömrü vardır ve birçok kayalar mevcut . Potasyum 40 bozunur , bu argon haline dönüştürür. Sonuç olarak bir çok argon mevcut nasıl belirleyerek bir kayanın yaşını belirleyebilirsiniz . Yeryüzündekien eski kayaçlar 3.8 milyar yıllık olarak bu yöntemle tespit edilmiştir .

POTASYUM
Atom numarası : 19
Kimyasal Sembol: K
Grup IAAlkali Metal

Potasyum dolayısıyla son derece reaktif olup doğada serbest halde asla bulunamadı . Bu her ne kadar küçük miktarlarda sodyum göre , kimyasal eşdeğeri, deniz suyunda bulunan . Çözünmüş mineralpotasyum çok bitki büyümedenize ulaşmadan önce bitkiler tarafından alınır için potasyum gereklidir . Potasyum Doğal olarak oluşan bir izotop potssium - 40.Human vücut potasyum 140 gram ihtiva etmektedir. Potasyum - 40bolluğu 0.012 yüzde yana , hepimiz kısmen bu reaktif izotopu oluşur . Bu radyasyon bizim ömür boyu dozda önemli bir etken

KALSİYUM
Atom numarası : 20
Kimyasal Sembol: Ca
Grup II A -Alkali Toprak Metaller

Kalsiyum canlı organizmaların geniş bir yelpazede için önemli bir bileşendir. İnsan dişler ve kemikler kalsiyum içeren ve deniz organlar kalsiyum karbonat kabuklarını oluşturmak. Kireç, kalsiyum bileşiği, önemli bir sınai kimyasal maddedir. Erken kullanımlarından biri tiyatro aydınlatma oldu . Kireç yüksek bir sıcaklığa ısıtıldığında , bir yoğun bir mavibeyaz ışık yayar. Buifade sebebiyet veren aktörleri aydınlatmak için 19. yüzyılın başlarında kullanılan 'ilgi odağı . ' Muhtemelen kireç en önemli modern kullanımı, cevherlerinden demir üretiminde olduğu .

SCANDIUM
Atom numarası : 21
Kimyasal Sembol: Sc
Grup III B Birinci Sıra Geçiş Eleman

Scandiumilk sıra geçiş elementleri başları. Tüm oldukça reaktif metaller ve birçok derece tehlikelidir . Skandiyum , oldukça yüksek bir erime noktasına sahip bir çok hafif metal ve korozyona karşı iyi bir direnç gösterir. Bu özellikler, bir uçağın yapımı içinhavacılık sektörüne büyük ilgi onu yaptık . Skandiyum birkaç yararlı bileşikler oluşturur. Metal kendisi doğal güneş ışığı olduğunu yakın bir renk değeri ile ışık üretmek , yüksek yoğunluklu lambalar gibi elektronik cihazlarda bazı kullanım bulmuştur. Bu tür lambaları genellikle futbol stadyum aydınlatmak için kullanılır.

TİTANYUM
Atom numarası : 22
Kimyasal sembolü : Ti
Grup IV B İlk Satır geçiş Eleman

Saf halde titanyum tel içine çekilmesi ve çalışması kolay ve oldukça yumuşak ya sahip olan bir metaldir. Onun hafif olmasına rağmen , o aşırı derecede güçlü ve metal yorgunluğu olağan türlü hemen hemen bağışık değildir. O jet motorlar ve roketler için ideal bir malzeme yapmak için gereken her özelliğe sahiptir , böylece aynı zamanda korozyona karşı olağanüstü bir dirence sahiptir . En önemli bileşik, titanyum dioksit boya, kağıt ve plastik için bir pigment olarak kullanılır yoğun parlak beyaz renkli bir maddedir.

VANADYUM
Atom numarası : 23
Kimyasal sembolü : V
Grup VB İlk Satır Geçiş Eleman

Vanadyum oldukça yumuşak ve korozyona karşı son derece dayanıklı bir parlak parlak bir metaldir. Mineraloji yani Andres Manuel del Rio Bir Meksika profesörü 1801 yılında vanadyum keşfetti. Daha sonra nedeniyle pek çok güzel renkli bileşikleriniİskandinav tanrıçası Vanadis almıştır. ABD'de üretilen vanadyum yaklaşık% 80'i çelik üretiminde gider.

KROM
Atonik sayısı : 24
Kimyasal Sembol: Cr
Grup VI B Birinci Sıra Geçiş Eleman

Krom renk anlamınaYunanca kelime ' kroma ' dan seçildi. Yakut birçok değerli taşlar - kırmızı ,karakteristik yeşilgüzel bir renk zümrüt - krom ve eser miktardavarlığı nedeniyle . Metal genellikle krom , en önemli olan krom cevheri bir oksitten elde edilir. Havaya maruz kaldığında , krom paslanmaya karşı son derece dayanıklı ve bu pirinç , bronz ve çelik gibi diğer metaller üzerinde dekoratif ve koruyucu kaplama olarak hem de çok yararlı kılan görünmez bir oksit oluşturur . Krom da paslanmaz çelik üretmek için kullanılır .

MANGAN
Atom numarası : 25
Kimyasal sembolü : Mn
Grup VII B Birinci Sıra Geçiş Eleman

Manganez gibi görünüyor ve demir benzer birçok özelliklere sahip bir sert gri - beyaz bir metaldir . Çeliğe manganez yapar ekleme alışılmadık sert ve darbelere karşı dayanıklıdır . Bu tür çelik tüfek varil , banka kasalarında , demiryolu , ve hafriyat ekipman kullanımı için idealdir . Manganez ayrıca sertlik, mukavemet ve alüminyum ve magnezyum alaşımları için de korozyon direnci ekler. Bileşik potasyum permanganat bazen antik cam görülen bir morumsu renge sahiptir . Cam üreticileri artık manganez kullanmasına rağmen , nesneleri renk kabiliyeti seramik ve çömlek aydınlatmak için kullanılır .

DEMİR
Atom numarası : 26
Kimyasal sembolü : Fe
Grup VIII B Birinci Sıra Geçiş Eleman

Demir muhtemeleninsan toplumundaen yaygın metaldir. Bir tornavida kullanarak veya bir araba veya bir tren sürme olsun , bir yapı malzemesi olaraködemi ve demir faydası kendiliğinden açıktır . Temel olarak bilinen yeriniç erimiş demir imal edilir. Metal rafineyeteneğiDemir Çağı (M.Ö. 1000) olarak bilinen insan gelişiminde önemli bir kilometre taşı olarak görev yaptı . Onun keşif öne Tunç Çağı daha sert ve daha dayanıklı araçlar ve silahlar . Bugün rafine tüm metallerin fazla% 90 demirdir.

KOBALT
Atom numarası : 27
Kimyasal sembolü : Co
Grup VIII B Birinci Sıra Geçiş Eleman

Kobalt önemli bir cevher kobaltit olduğunu. Saf metal bu cevherin kavrulması ile elde edilir . Adı kobalt kötü bir ruh anlamına gelirAlman ' Kobold ' geliyor . Madenciler sık sıkzihninde meydana gelen kazalar ' Kobold ' neden olduğunu söyledi . Kobalt korozyona karşı direncini arttırmak için çeliğe ilave edilir. Kobalt tungsten ve bakır ile karıştırılır , bu Stellite, yüksek hızlı delici ve kesici aletlerin ideal hale getirir , yüksek sıcaklıklarda sertliğini muhafaza eden bir metal oluşturur. Demir kobalt kolayca mıknatıslanır gibi . Alnico olarak bilinen güçlü bir manyetik madde, kobalt , alüminyum ve nikel bir alaşımdır.

NİKEL
Atom numarası : 28
Kimyasal sembolü : Ni
Grup VIII B Birinci Sıra Geçiş Eleman

Nikel sıklıkla , oksidasyona dayanıklı alaşımlar oluşturulması için, demir ve çelik gibi diğer metaller eklenir. Nikrom tost makineleri ve elektrikli fırınlarda ısıtma elemanları yapmak için kullanılan metal krom ve nikel bir alaşımdır. Yüksek erime noktası ile birlikte nikromyüksek elektrik direnci ısı elektrik dönüştürmek için çok etkili bir madde sağlar. Metal önemli bir kullanımı nikel-kadmiyum pil yer almaktadır. Bu pil hesap makineleri, bilgisayarlar ve akülü elektrikli traş makineleri de özellikle yararlı hale şarj edilebilir .

BAKIR
Atom numarası : 29
Kimyasal sembolü : Cu
Grup IB İlk Satır Geçiş Eleman

Bir su tanıdık kullanımı,mutfağası taşıyanborularda olduğunu. Bakır elektriken iyi şeflerinden biri olduğu için , bakır teller yaygın santrallerden evler , ofisler, fabrikalar ve diğer binalar ve prizlerden elektrikli ev aletleri için elektrik enerjisi iletimi için kullanılır . Bakır kez dolayısıyla polislere üniforma ceketpolisargo ' bakır ' düğmeleri yapmak için kullanıldı . Pirinç , bakır ve çinko alaşımı çinko donanımdan kullandığı geniş bir çeşitlilik vardır .

ÇİNKO

Atom numarası : 30
Kimyasal sembolü : Zn
Grup I B Birinci Sıra Geçiş Eleman

Saf halde , çinko sert , kırılgan , gümüş metaldir . Bu nispeten korozyona dayanıklı ve hızlı bir şekilde hava ile daha fazla reaksiyona girmesini engelleyen bir sert oksit kaplama oluşturur . Galvaniz olarak adlandırılan bir işlemde, bir çinko tabakası korozyonu önlemek için çelik üzerine kaplanır . Metal diğer birçok faydası vardır . En önemlilerinden biri ortak kuru hücreli pil yer almaktadır . 1981 çinkoABD kuruşbaş metal olarak görev beri . Çinko ayrıca pirinç oluşturmak için bakır ile birleştirilir .

GALYUM

Atom numarası : 31
Kimyasal sembolü : Ga
Grup III Bir Post Geçiş Metal

Galyum çok düşük erime noktası ve 2403 derece santigrat derece yüksek bir kaynama noktası olan son derece yumuşak bir metaldir . Galyum sıvı olduğu sıcaklık aralığı , bilinen herhangi bir metalin en büyüğüdür . Galyun son zamanlarda birkaç pratik uygulamaları biliniyordu kadar bu . Özel yüksek lisans termometreler için yararlı hale getirir . Bu galyum arsenit lazer diyot olarak işlev ve doğrudan lazer ışığa elektrik dönüştürmek olabilirkeşif ile hızla değişti . Işık yayan diyotlar saatler ve autodisc oyuncuların bir yelpazede kullanılmaktadır .

germanyum

Atom numarası : 32
Kimyasal sembolü : Ge
Grup IV A Metalloid

Germanyum nispeten nadir koyu gri katı bir elementtir . Doğada saf halde bulunan , ancak oksijen ile birlikte hiçbir zaman . Germanyum bir yarı iletken olarak adlandırılır . Kirliliklerin küçük miktardaeklenmesi ölçüde elektrik yapmak için kendi kapasitesini artırır . ' Katkılı ' germanyumkatı hal elektronik sektörününkalbi olan transistör yapmak için kullanılır . On transistör binlerce doping ile artık etkisi küçük bir bilgisayar olan bir küçük germanyum çip üzerinde oluşturulabilmektedir . Bu tür malzemeler elektronik minyatürdevrim yaptık .

ARSENIC

Atom numarası : 33
Kimyasal sembolü : As
Grup VA Metalloid

Arsenik , oda sıcaklığında katı bir kırılgan kristallidir . Arsenikli oksit formunda iyi bilinen bir zehirdir. Bu ot katil ve böcek ilacı olarak kullanılır . Zehir gibi arsenik birçok suç yazarınhayal gücünü zorlamaktadır . Adli tekniklerindeki son gelişmeler önce,kurbanın vücudunda tespit etmek mümkün değildi . Bir zehir olsa da, arsenik bileşikleri , hem de tıbbi amaçlar için frengi için bir çare olarak Paul Ehrlich tarafından geliştirilenen iyi bilinen varlık '606 ' kullanılmıştır .

SELENIUM
Atom numarası : 34
Kimyasal sembolü : Se
Grup VI A Metalloid

Selenyum taşıyan mineraller kârlı mayınlı için çok azdır . Metaloid bakır ve sülfür şirkette bulunan olduğundan, hemen hemen tüm selenyum , bakır rafine bir güle ürün ve sülfürik asit üretiminde olarak geri kazanılır . Selenyum iki form - kırmızı ve gri var . Gri selenyum genellikle elektrik kötü bir iletken olmasına rağmen , o olur ve ışık varlığında mükemmel bir iletken , yani bir foto iletken olduğunu. Bu robotik ve ışık metre bir ışık sensörü olarak selenyum değerli kılar.

BROM
Atom numarası : 35
Kimyasal symbol: Br
Grup VII Ahalojenler

Brom bir buruk kokusu ile bir kırmızımsı sıvıdır . Adını koku anlamına gelen Yunanca bromos türetilmiştir . Brom deniz suyu , yeraltı tuz madenleri ve derin tuzlu kuyularda bulunabilir . Brom önemli bir kullanımı, etilen dibromür adı verilen bir benzin katkı maddesini üreten bulunmaktadır. Bu bileşik kurşun yataklarınınoluşumunu önlemek benzininyanma sonrakurşun katkı kaldırır . Brom , son derece zehirli olduğu ve cilt yakar. Bundan başka, onun zararlı buharlar burun ve boğaz zarar verebilir .

KRİPTON
Atom numarası : 36
Kimyasal sembolü : Kr
Grup VIII ANoble Gazlar

1933 yılında Linus Paulingsoygazlar kimyasal etkisiz olduğufikrine karşı . Kripton ve flor diye tahminbileşiğinvarlığı . Kripton bir kokusuz, tatsız , renksiz, tamamen zararsız bir gazdır 1966 yılında teyit edilmiştir. Onun baş kullanımı, modern manzara bir parçası olan ' neon ' ışıkları bulunmaktadır . Bir cam tüp içinde mühürlü ve elektrik deşarjı maruz kaldığında , kripton havaalanı pist ve yaklaşma ışıkları için kullanılan bir soluk mor renk üretir . Kripton da yüksek yoğunluk, kısa pozlama fotoğraf flaş ampul veya strobe ışıklar xenon ile karışık kullanılır .

RUBIDYUM
Atom numarası : 37
Kimyasal symbol: Rb
Grup IAAlkali Metal

Rubidyum havaya maruz kaldığında kendiliğinden yakar bir gümüş , çok yumuşak son derece reaktif bir metaldir . Ayrıca, su , çünkü reaksiyonu tarafından üretilen ısının hemen alevlere patlamaları hidrojen büyük miktarlarda vermekten birlikte şiddetle reaksiyona girer. Rubidyum doğa ve birkaç rubidyum taşıyan mineraller bilinen gibi saf metal var çok çok reaktif . Rubidyum küçük bir ticari değere sahiptir . Metal Alman kimyager Robert Bunsen ve Gustav Kirchhoff tarafından 1861 yılında keşfedildi . Onlar araştırırken birçok alkali metaller arasında bir kirlilik olarak spektral çizgilerle tanımladı.

STRONSİYUM
Atom numarası : 38
Kimyasal sembolü : Sr
Grup IIA toprak alkali metaller

Stronsiyum küçük bir ticari kullanımı vardır ve bileşimleri sanayide sadece sınırlı uygulama bulmuşlardır. Onlar yakmak bu tür stronsiyum karbonat gibi stronsiyum tuzları karakteristik kırmızı renk yayan yana , onlar karayolu uyarı işaret fişekleri ve havai fişek kullanılır . Stronsiyumizotopu biri , Sr - 90 nükleer patlamaların ürünü ile bir radyoaktif veatmosferden serpinti yoluyla çevrenin geniş alanları kirletebilir. Uranyum fisyon uğrar zaman stronsiyum 90 üretilen bu yana , nükleer reaktörlerin işletmecileriçevreye kazara salınımını önlemek için uyanık olmak gerekir .

itriyum
Atom numarası : 39
Kimyasal symbol: Y
Grup III B Geçiş Eleman

Itriyumyerkabuğunun küçük miktarda bulunan ama geriAy'dan getirilenkayalar beklenmedik bir şekilde yüksek itriyum içeriği vardı edilir . Kendi sıcaklığı mutlak sıfırın üzerinde sadece birkaç derece alçaltıldığında, hemen hemen tüm metaller olursa olsun hiç bir elektrikli direnç gösterir . Son derece düşük sıcaklıklar ancak pratik değildir . 1987 yılında bilim adamları, 93 derece Kelvin de süperiletken olan itriyum , bakır ve baryum oksit bileşiğininçıkarıldığını duyurdu . Bu elemanın diğer karışımları araştırılmaktadır ve bunlardan biri pratik bir yüksek sıcaklık süperiletken haline gelmek olacağını iyimserlik var .

ZIRKONYUM

Atom numarası : 40
Kimyasal symbol: Zr
Grup IV B Geçiş Eleman

Zirkonyum , güçlü , dayanıklı bir metaldir . Yüksek sıcaklıklara dayanması için onun yeteneğiuzay aracının ısı dayanıklı malzemeler için ideal bir malzeme yapar . Zirkonyumiyi bilinen bileşikmetal zirkon olduğunu. Bu, eski çağlardan beri bilinen ve hattalncil'de sevk edildi . Kristal kesme ve yarı kıymetli taş olarak kabul edilir cilalı renklerin çeşitli , Bulundu . Zirkon kırılma son derece yüksek bir dizin vardır. Bu nedenle, bu renksiz kristaller alışılmadık bir parlaklık ve bazen elmas için yedek olarak kullanılır.

NİYOBYUM
Atom numarası : 41
Kimyasal sembolü : Nb
Grup VB Geçiş Eleman

Metal niyobyum yüksek sıcaklık süperiletkenliktarihinin önemli olmuştur . Niyobyum ve germanyum oluşan bir alaşım nükleer manyetik gibi aletler için süper-iletken mıknatısların inşaat izin büyük akımları dayanma yeteneğine sahip tanı tıpta kullanılan rezonans tarayıcılar . Niobium özel amaçlar için çeliğe ilave edilir. Yüksek sıcaklıklarda paslanmaz çelik oluşturan küçük taneler arasındaki sınırların zayıflatır ve daha kolay çeliğin geri kalanından daha zarar . Niyobyumeklenmesi çelik aşırı stres altında çok daha yüksek sıcaklıklara dayanması için izin bunun olmasını engeller .

MOLİBDEN
Atom numarası : 42
Kimyasal sembolü : Mb
Grup VI B geçiş elementleri

Molibden sert gümüş metaldir . Molibdenit oldukça büyük mevduat Colorado , ABD'de bulunur . Molibden içeren çelik uçak ve otomobil motor parçaları için uygundur . Bu sürekli bir motorda yer alan sıcaklık ve basınç değişiklikleri dayanabilir . Aynı nedenle, silah ve topların üretiminde kullanılır. Radyoaktif izotopların biri , molibden - 99 teknetium - 99 dahili alındıktan sonra iç organlarının fotoğraflarını çekmek için son derece yararlıdır oluşturmak için hastanelerde kullanılır.

Teknesyum
Atom numarası : 43
Kimyasal sembolü : Tc
Grup VII B geçiş elementleri

Teknesyum diğerinden laboratuvarda üretilecekilk elemanı element.Logically bu yapay anlamYunan teknetos adını alır oldu. Her izotop radyoaktif ve farklı bir elemanın bir izotopu meydana bozunur . Bugün nükleer reaktörler Teknesyum , Teknesyum - 99men yararlı izotopların birini üretir . O bir hastanındamarlarında enjekte edildiğinde ,izotop bazı vücut organları konsantre olacak ve radyoaktivite bu organların işleyişi nasıl ortaya bir fotoğrafik plaka gösterecektir .

RUTHENIUM
Atom numarası : 44
Kimyasal sembolü : Ru
Grup VIII B geçiş elementleri

Rutenyum genellikle platin cevherlerirafine ürün olarak geri kazanılır nadir bir elementtir. Esas olarak rutenyum endüstriyel işlemler için bir katalizör olarak kullanılır. Doğrudan hidrojen gazı elde etmek için , aynı zamanda platin bir sertleştirme katkı maddesi olaraktakı işinde kullanılan ve genellikle korozyona karşı direncini arttırmak için titanyum eklenir yerine electrolysis.Rutheniumıs göre daha su molekülleri bölme bir katalizör olarak kullanılmıştır. Rutenyumun Diğer alaşımları dolmakalem noktaları ve özel elektrik kontakları kullanılır .

RODYUM
Atom numarası : 45
Kimyasal sembolü : Rh
Grup VIII B geçiş elementleri

Rodyum nadir , son derece zor gümüşi gri bir metaldir . Bu 1803 yılında William Wollaston tarafından keşfedilmiştir .Tuzların çok gül rengi var çünkü gül içinYunanca kelime rhodon sonra adını verdi. Bu araçların katalitik dönüştürücülerin kullanılır. Egzoz gazları atmosferik kirliliği önemli bir kaynağıdır . Katalitik konverter zararsız ürünler haline içlerinden geçmesine sıcak egzoz gazları dönüştürmek platin , paladyum ve rodyum ihtiva eden küçük bir katalitik boncuklarla doludur.

PALLADIUM
Atom numarası : 46
Kimyasal sembolü : Pd
Grup VIII B geçiş elementleri

Palladium platin benzer bir yumuşak gümüşümsü beyaz metaldir. Bu son derece yumuşak ve sünek olduğunu. Bu tesadüfen hücre bölünmesini inhibe ederek kanser tedavisinde yararlı olan ve yan etkileri nispeten olduğu tespit edilmiştir zaman paladyum ilginç bir kullanımı ortaya çıkmıştır. Sadece 17 günlük bir yarı ömür ile, palladium103 izotop kanseri yok etmek ve sonra bir ay biraz daha sonra yok güçlü radyasyon dozları teslim edebilir.

GÜMÜŞ
Atom numarası : 47
Kimyasal sembolü : Ag
Grup IB Geçiş Elemanı (Sikkeleri Metal)

Gümüş doğada serbest halde bulunanbirkaç metallerden biridir ve onun simgesi Ag gümüş anlamına Latince kelime Argentum'un geliyor . Hatta belki de daha önce İncil çağlardan beri sikkeleri metal olmuştur . Tüm metallerin , gümüş ısı ve elektriken iyi iletkendir. Bu genellikle çünkü gider ev kablolama kullanılan ancak yaygın yüksek kaliteli elektronik ekipmanüretiminde kullanılmaz .

CADMIUM
Atom numarası : 48
Kimyasal sembolü : Cd
Grup II B Geçiş Eleman

Kadmiyum genellikle çinko rafine ürünü tarafından kabul edilir çinko cevherleri gibi büyük miktarlarda mevcuttur. Metalin önemli kullanım korozyonu önlemek için çelik elektro bulunmaktadır. Daha az bol ve sağlık sorunlarına neden bir eğilim vardır , çünkü daha az çinko fazla kullanılır . Nötron absorbe kadmiyum yeteneği nükleer reaktör kontrol çubukları tasarımında büyük önem taşımaktadır . Kadmiyum , aynı zamanda boya yapımında kırmızı ve sarı pigment olarak kullanılır.

İNDİYUM
Atom numarası : 49
Kimyasal symbol: In
Grup III Bir Post geçiş metali

İndiyum şiddetle diğer metallere karşı ovuşturdu zaman kendiliğinden izlerini bırakmak için yeterli yumuşak nadir mavimsi beyaz bir metaldir. Saf indiyum kaç ticari uygulamalar vardır ve esas olarak diğer metaller ile bir alaşım kullanılır. İndiyum ve gümüş ve indiyum ve kurşun alaşımları gümüş daha iyi iletkenler veya tek kurşun . Ayrıca, transistörler ve fotoğraf hücrelerinin üretiminde kullanım bulmuşlardır. İndiyum folyolar , genellikle nükleer reaksiyonu kontrol etmek için nükleer reaktör içine eklenir. Bu folyolar radyoaktif hale hızını yer alanreaksiyonlar değerli bir ölçümü olarak hizmet vermektedir.

TENEKE
Atom numarası : 50
Kimyasal sembolü : Sn
Grup IV Bir Post Geçiş Metal

Kalay insan tarafından kullanılanilk metaller arasında yer aldı . Bronz , bakır ve kalay alaşımı fazla 5000 yıl önce Mısır'da kullanılmıştır. Günümüzde temel olarak bir alaşım maddesi olarak kullanılır ve ince bir kalay kaplama ile kaplanmış çelik kaplama olduğunu teneke levha yapmak için . Teneke gıda asitlerden çeliği korur çünkü , teneke gıda için teneke kutular yapmak için kullanılan ama şimdi büyük ölçüde plastik ve alüminyum almıştır . Bu, bilinen en yumuşak metallerden biridir .

ANTİMON
Atom numarası : 51
Kimyasal symbol: Sb
Grup VA Metalloid

Antimon katı , sert, kırılgan , kristalin grimsi vardır. Bir metal olarak bilinen , ancak , bu bir elektrik çok kötü bir iletkendir. Birincil kaynak olarak hizmetcevhermineral antimonit olduğunu. Siyah bir bileşik , bu kadınların kaşları koyulaştırmak için antik çağlarda kullanılmıştır. Antimon için büyük bir kullanım ortak emniyet maç. Kibrit çöpü başı antimon trisülfid ve potasyum klorat gibi bir oksitleyici maddenin bir karışımını içerir. Antimon birkaç diğer ticari kullanımları vardır. Bir alaşım olarak, birçok metal sertliğini artırabilir.

tellür
Atom numarası : 52
Kimyasal sembolü : Te
Grup VI A Metalloid

Tellür nadir bir gümüş-beyaz metalsidir . Tipik metallerin aksine , bu kırılgan ve elektrik zayıf bir iletkendir . Tellür altın ile bir arayaaz unsurlardan biridir . Bileşikler bu formları altın tellürürlerden denilen ve altınlı cevher çok önemli bir bileşeni makyaj vardır . Tellür genellikle altın arıtma ve aynı zamanda bakır ürün olarak elde edilir. Tellürbaş kullanımı bakır ve orijinal metal daha makinesine kolay bir alaşım oluşturmak için paslanmaz çelik gibi metaller için bir katkı maddesi olarak kullanılırlar .

İYOT
Atom numarası : 53
Kimyasal sembolü : I
Grup VIIAhalojenler

İyot deniz yosunu , tuzlu su kuyuları vedenizde bulunan siyah katı bir mor. Bir zehir rağmen, onun yaygın kullanımlarından biri iyot antiseptik solüsyon tentür gibidir . İyot tuzları sofra tuzu ve hayvan yemi ilave edilir. İyot tiroid bezleri tarafından salgılananantiroksin hormonu önemli bir bileşenidir ve bubezi düzgün sağlamaya yardımcı olur gibi yapılır . Gümüş iyodür kristalleri - kadar bir gram - damlası oluşumu için bir çekirdek olarak işlev ikinci milyar yaklaşık bir milyon arasında büyük bir sayı oluşturmak üzere yeteneğine sahiptir.

XENON
Atom numarası ; 54
Kimyasal sembolü : Xe
Grup VIII ANoble Gazlar

Xenon sadece eser miktarlarda bir ortamda bulunmaktadır. Diğer soy gazlar gibi hiçbir renk koku veya tat olan tek atomlu bir molekül olarak bulunur. 1962 yılında , Neil Bartlettİngiliz kimyacıilk soygaz bileşiği yaptı. O, ksenon ve platin heksafluorür birleştirildi ve şaşkınlık çok xenon , platinim ve flor moleküllerden oluşan bir katı, sarı-turuncu bir bileşik elde edilmiştir. Bugüne kadar ksenon ve kripton bileşiklerini oluşturmak için bilinen tek soy gazlar bulunmaktadır. Diğer soy gazlar gibi , xenon ışık üretmek için elektrik deşarj tüpleri kullanılır .

Sezyum
Atom numarası : 55
Kimyasal sembol : Cs
Grup IAAlkali Metal

Saf sezyum bilinen yumuşak bir metaldir. Onun aşırı reaktivite bir televizyon tüp içinde , örneğin vakum sistemleri istenmeyen gazların giderilmesinde yararlı yaptı . İzotop sezyum - 133 zamandünyanın resmi tedbir olarak hizmet vermektedir . İkinci eskisi gibigüneşin etrafındadünyanın dönme açısından bir dış enerji kaynağı ziyade tarafından uyarılırsa sezyum 133 atomunun yaydığıradyasyon açısından ölçülür . İkinci caesuim - 133 atomu tarafından yayılanradyasyonun tam 9192531770 titreşimlerinin geçen süre olarak tanımlanmaktadır.

BARYUM
Atom numarası : 56
Kimyasal sembolü : Ba
Grup IIA toprak alkali metaller

Çözünür bir tuz formunda , baryum oldukça toksiktir. Çözünmez formları Diğer taraftan , insan vücudu için zararlı değildir . Radyologlar Xrays.Barium sülfat ile bir hastanın bağırsak da su ve beyaz renkte olan düşük çözünürlüğe dayalı diğer kullanan bir dizi var incelemek için baryum sülfat kullanın . Bu fotoğraf plakalar üzerinde bir beyazlatıcı olarak ve kağıt , plastik ve yapay elyaflar yazılı olarak bir dolgu maddesi olarak kullanılır. Baryum metal nedeniyle oksijen ve nem ile reaksiyona hazır olmasına birkaç ticari uygulamalar vardır.

LANTAN

Atom numarası : 57
Kimyasal sembolü : La
Grup III B Nadir Toprak Element (Lantanitler)

Lantannadir toprak element serisininilkidir. Tek bir mineral birlikte karışık birçok nadir öğeleri bulmak için yaygındır . Muhtemelen lantanide bileşiklerinen önemli kullanım ışıldaklar , stüdyo aydınlatma ve sinema projektörler kullanılanyüksek yoğunluklu karbon ark lambaları içinelektrotları imalatı bulunmaktadır . Lantan ve izotoplar uranyum fissions üretilenfragmanlar bulunur. Bulantan izotopların keşif yanı sıra zamanla nükleer fisyonfikrine yol açtığını Alman kimyacı Otto Hahn tarafından baryum oldu.

CERIUM

Atom numarası : 58
Kimyasal sembolü : Ce
Grup III B Rare Earth Elements (Lantanitler)

Seryumasteroid olan keşif 1801 yılındabilim dünyasında büyük heyecan uyandırdı Ceres almıştır . Seryumsaf metalik formu 1875 yılına kadar hazır değildi . Oldukça yumuşak ve sünek bir demir gri bir metaldir. Lantanum olduğu gibi seryum bileşikleri, yüksek yoğunluklu karbon ark lambaları elektrotları oluşturmak için, ticari olarak kullanılmaktadır. Bir seryum oksit artıklarının bu pişirme birikmesini önlemek gibi görünüyor kendini temizleyen fırın duvarlarına , bir katkı maddesi olarak kullanıldığı gibi .

praseodim

Atom numarası : 59
Kimyasal sembolü : Pr
Grup III B Rare Earth Elements (Lantanitler)

Carl Auer von Welsbach , mineraloji bir ilgi vardı Avusturyalı bir baron tarafından keşfedilmiştir . Saf metal iyon değişim tekniği tarafından cevherlerinden izole edilir. Bir değiştirme prosesinin başka bir ile ikame edilmesi suretiyle iyonunun bir tür izole etmek için kullanılır. Böyle bir işlemde , aktif bileşen , bir ağa benzer bir yapıya sahip , büyük moleküllerden oluşan bir reçinedir. Reçine, gevşek ağa bağlı mobil iyonları içerir. Diğer iyonları ihtiva eden bir çözelti, reçine geçirilir , bunlar daha sonra net dışında yaygın mobil iyonları değiştirir.

NEODİMYUM

Atom numarası : 60
Kimyasal sembolü Nd:
Grup III A Nadir Toprak Element (Lantanitler)

Bu, dünyanın en güçlü mıknatısların bazı oluşturmak için kullanılan bir manyetik maddedir. Well.they çok güçlü olarak da demir ve boron içeren gibisupermagnets NIB mıknatıs şekilde bilinmektedir ki düşmeden bir elin iki tarafına tuşuna iki küçük mıknatıslar. Sadece yarım inç çaplı bir Nd mıknatıs kağıt para kullanılan baskı mürekkebi manyetik malzeme yanıt için yeterince güçlü ve sahte tespit etmek için kullanılabilir. Ayrıca gül renkli gözlük kullanılır !

Promethium
Atom numarası : 61
Kimyasal sembolü : Pm
Grup III B Rare Earth Elements (Lantanitler)

Prometium hiçbir izyerkabuğunun üzerinde bulundu amaAndromeda Galaksisi çeşitli yıldızlıspektrumunda tespit edilmiştir. Bu, nükleer hızlandırıcı ve nükleer reaktörlerde yapılan bir sentetik nadir bir unsurdur. Neodimyum bir reaktör içinde,yoğun bir nötron radyasyon mevcut tabi tutulduğunda , bu Prometium dönüştürülür. Elemanın 28 izotopları kadar tüm radyoaktif olarak sentez edilmiştir. Çok az saf Prometium kimyasal ve fiziksel özellikleri bilinmektedir.

samaryum
Atom numarası : 62
Kimyasal sembolü; Sm
Grup III B Nadir Toprak Element (Lantanitler)

Samaryum'unbaşlıca cevherleri bastnasite ve monazir vardır. Saf formu samarium bir gümüş- beyaz bir parlaklığa sahiptir ve oksidasyona oldukça dayanıklı sand.In genellikle nadir toprak elementleri kendi ağırlıkları kadar % 50 olarak içeren monazit cevherleri Hindistan ve Brezilya'da ve Florida plaj nehir kumları bulunur. Metal ancak düşük sıcaklıklarda kendiliğinden tutuşturmak olacaktır. Bu elemanın bazı bileşikler, sürekli mıknatıslar imal etmek için kullanılır. Samaryum oksit infra -red radyasyon mükemmel bir emicidir ve cam ve kızılötesi hassas fosfor türleri için bu amaçla ilave edilmektedir.

Öropiyum
Atom numarası : 63
Kimyasal sembolü; eu
Grup III B Nadir Toprak Element (Lantanitler)

Europium nadir toprak metalleri nadir biridir. 1901 Fransız kimyager Eugene - Anatole Demarcay nihayet okuyan bir samarium - gadolinyum numunesinde bir kirlilik, izole edilmiş ve yeni bir öğe olarak empüritenin belirledi. Saf europium beyaz oldukça yumuşak ve gümüşse . Oldukça yumuşak ve nadir toprak metalleri , en reaktif biridir. Öporyum oksit , oldukça yaygın olarak televizyon ve bilgisayar monitörleri kırmızı fosfor verimliliğini geliştirmek için bir katkı maddesi olarak kullanılır . Ayrıca floresan lambalarınenerji verimliliğini artırmak için kullanılır .

gadolinyum
Atom numarası : 64
Kimyasal sembolü : Gd
Grup IIIA Nadir Toprak Element (Lantanitler)

Gadolinyum iki izotopları nötronların en güçlü emici arasında yer almaktadır. Onların kıtlık sınırları kullanmak rağmen , nükleer reaktörler için kontrol çubukları yapımında kullanılır . Bu çok güçlü mıknatıslar tarafından çekici olduğunu ferromanyetik anlamı budur . Bununla birlikte kendi Curie noktasında , manyetik malzeme, bir manyetizma kaybettiği sıcaklık yaklaşık olarak oda sıcaklığıdır. Nötron radyografi adı metallerin iç bir tarama tekniği değer kanıtlanmıştır. Bu gövdelerinde ve gövdelerine gizli kusur ve yapısal zayıflıkları aramak içinhavayolu ve gemi inşa sanayinde kullanılır .

terbiyum
Atom numarası : 65
Kimyasal sembolü : Tb
Grup III B Nadir Toprak Element (Lantanitler)

Saf metalik formda , terbium bir gümüş-beyaz , dövülebilir , sünek ve bir bıçakla kesilecek kadar yumuşak . Bu yol bir benzerlik taşımaktadır ama çok ağırdır . Kurşun gibi korozyona oldukça dayanıklıdır . Terbiyum bileşikleri özel lazerler ve televizyon tüpleri ve bilgisayar monitörleriyeşil renk üretmek fosforlarla kurar kullanan var . Diğer uygulamalar kompakt diskler ve yüksek çözünürlüklü X - ışını ekranlarınüretiminde kullanılmak için özel manyetik özelliklere sahip alaşımlarınüretimi içerir .

DİSPROSYUM
Atom numarası : 66
Kimyasal sembolü : Dy
Grup III B Nadir Toprak Element (Lantanitler)

Disprosyumyerkabuğundanadir toprak elementleri arasında bolca dokuzuncu sırada yer alıyor . Bu erbyum oksit bir örneklemde Fransız kimyager Paul - Emile Lecoq de Boisbaudran tarafından 1886 yılında keşfedildi . O da almak zor anlamınaYunanca kelime dysprositos adını göre. Saf disprosyum tür iyon değişim ayrılması gibi modern kimyasal teknikler geliştirilmiş, 1950 yılına kadar mevcut değildi . Disprosyumdiğer nadir toprak metaller en çok benzeyen . Bu , bir bıçakla kesilecek kadar yumuşak , parlak gümüş rengi vardır ve hava nispeten istikrarlı.

HOLMİYUM

Atom numarası : 67
Kimyasal sembolü : Ho
Grup III B Nadir Toprak Element (Lantanitler)

1878 yılında , iki İsviçreli bilim holmyum karakteristik spektral çizgiler fark ancak bunları tespit edemedik . Onlar Kısa bir süre sonra 1879 yılında İsveçli kimyager Per Teodor Cleve izole ve erbia adında bir mineral ile çalışırkenelemanı belirlenenspektral çizgilerinin X elementininbilinmeyen kaynağı denir . Oldukça yakın zamana kadar mevcut değildi Saf metalik holmyum parlak gümüşi renge sahiptir . Bu, kuru hava içinde oldukça korozyona dayanıklı , ancak , sarımsı bir oksit oluşturarak , nemli hava içinde hızlı bir şekilde tarnishes . Cam için bir renk olarak kullanımı dışında, bir kaç ticari uygulamalar vardır.

ERBİYUM
Atom numarası : 68
Kimyasal sembolü : Er
Grup III B Nadir Toprak Element

Erbium omineral itriya izole bir oksit sarı Carl Gustaf Mosander tarafından keşfedildi . Mosander Ytterby itriya ve erbium yüksek konsantrasyonlardaAlanıİsveç köyü içineleman adlandırılmış . Erbiyumbaşlıca kaynaklarımineraller ksenotim ve euxerite vardır . Erbium gibi diğer nadir toprak elementleri aslında bu cevherler içinde bir yabancı madde olan . Erbiyumticari uygulamalar oldukça sınırlıdır . Onun oksitler genellikle onları pembe renk cam ve emaye sırlarında eklenir . Cam genellikle güneş gözlüğü ve ucuz takı için kullanılır.

tülyum
Atom numarası : 69
Kimyasal sembolü : Tm
Grup IIIB Nadir Toprak Element (Lantanitler)

Tülyum son derece kıt olan bir nadir toprak elementi olduğunu. Bu, diğer nadir toprak elementlerinin şirket içinde çok küçük miktarlarda ortaya çıkar. İsveçli kimyager Per Teodor Cleve 1879 yılındaeleman keşfetti ve Thule , İskandinavya içineski adı adında . Tülyum başlıca kaynağı % 1 tülyum yaklaşık 7/1000 oluşanmineral monazit olduğunu. Bu ayrı lazerler kullanılmaktadır gelen birkaç ticari uygulamalar vardır. Bu pahalı ama metal çok az deney için kullanılabilir.

iterbiyum
Atom numarası : 70
Kimyasal symbol: Yb
Grup III B Nadir Toprak Element (Lantanitler)

Itterbyum, keşfedilenilk nadir elementyerkabuğunda ve her zaman nadir toprak elementlerinin şirket mütevazı bolca bulunur . Bu erbium onun yüksek konsantrasyonlardatemelinde erbia olarak bilinen velsveçli köy Ytterby adınımineralin bir bileşeni olarak 1878 yılındaFransız kimyager Jean de Marignac tarafından keşfedildi . Saf itterbiyum metal 1953 yılına kadar çalışma için mevcut değildi . Onun ticari uygulamalar , paslanmaz çelik ile bir alaşım maddesi olarak bulunmaktadır. Bazı alaşımlar da diş kullanılmıştır .

lutetium
Atom numarası : 71
Kimyasal sembolü : Lu
Grup III B Nadir Toprak Element (Lantanitler)

Resmen onun sonuçlarını yayınladı asla rağmen, ABD kimyager Charles James şimdi New HampshireÜniversitesi'nde 1900sırasında erken 1907 . Çalışma içinde Lutetium keşfettim sayılır , James nadir toprak elementleriüretiminde önemli bir güç haline geldi . O ve onun öğrencileri tek bir örnek üretmek için kristalizasyonlara yoluyla cevher ve emek ton süreç olacaktır . Saf lutetium metal hazırlanması zor ve pahalıdır. Buzor veağır nadir toprak elementi olduğunu. Hiçbir ticari uygulamalar geliştirilmiştir .

hafniyum
Atom numarası : 72
Kimyasal sembolü : Hf
Grup IV B Geçiş Eleman

Hafniyum özellikleri yanı sıra geçmişi yakından zirkonyum bağlı. Birçok elemanı 72varlığını tahmin etmişti ancak kimyasal ikizher yerde hazır olan kimlik ile müdahale . Hafniyumuntemel kullanımı zirkonyum onun birkaç farklılıklar biri dayanmaktadır . Termal nötronları emme kabiliyeti o reaktör kontrol çubukları için yararlı bir malzeme yapar . Diğer çubuk malzemelere kıyasla hafniyum başlıca avantajları gücü ve korozyona karşı dirençtir. Ne yazık ki oldukça büyük bir reaktörde hafniyum çubuklarınınbedeli $ 1 milyon veya daha fazla olabilir .

tANTAL
Atom numarası : 73
Kimyasal sembolü : Ta
Grup VB Geçiş Eleman

Tantal son derece sert ve çok ağır bir metaldir. Kimyasal inertlikinsan vücudunda maddelerin saldırı tantal derece dirençli hale getirir . Bu diş ve tıbbi cerrahi uygulamaları bir dizi yol açtı . Bir alaşım maddesi olarak Tantal diğer metallerin çeşitli aşınma direnci, yumuşaklık , sertlik ve yüksek bir erime noktasına katkıda bulunur. Tantal Yine bir başka önemli kullanım küçük ama güçlü kondandsatörinşaat olduğunu . Bu kapasitörler cep telefonları ve bilgisayarlar gibi cihazlarınkalbinde yatıyorminyatür elektronik devreler özel olarak yararlıdır .

TUNGSTEN
Atom numarası : 74
Kimyasal sembolü : W
Grup VIB geçiş elementleri

Tungstenin en önemli kullanım alanlarından biri de ortak bir ampul için filaman üretimi bulunmaktadır. Herhangi bir metal - tungstenyüksek erime noktası -3410 ° C ve en yüksek kaynama noktası 5900 derece C vardır . Elektrikli ısıtıcılarda ısıtıcı elemanlardan alan araç roket motorları üzerinde memelere tungsten aralığının yüksek sıcaklık uygulamaları. Tungsten sarmal bir tel üzerinden akan elektriktel beyaz sıcak yapmak için yeterli ısı üretir . , Nitrojen ve argon gibi asal gazlar , bir tungsten filaman ihtiva eden ampul içine alınır aşırı ısınmasınıönlemek için, metal .

renyum
Atom numarası : 75
Kimyasal sembolü Re:
 Grup VIIB geçiş elementleri

Elementlerinnadir renyum bir Alman kimyager Ida Tacke , Walter Nodack ve 1925 yılında Otto Carl Berg tarafından platin cevherleri yılında keşfedildi . Bir gümüş gri parlaklık ve sadece tungsten ve karbon ile aştı bir erime noktası ile son derece yoğun bir metaldir . Bu, esas olarak , elektrik anahtar kontakları ve elektrotlar için gerekli olanlar gibi aşınmaya karşı dirençli olan metallerin imal edilmesi için bir alaşım maddesi olarak kullanılır 2000 ° C gibi yüksek bir Renyum sıcaklıkları ölçmek için ısıl için tungsten ile birlikte renyum kullanımı için temel oluşturur .

osmiyum
Atom numarası : 76
Kimyasal sembolü : Os
Grup VIIIB geçiş elementleri

Saf metal yapmak zor olduğu için, osmiyum sık, daha sonra ısıtma ile bir katı kütle halinde oluşturulan bir toz halinde imal edilir. Toz havada oksitler ve yavaş yavaş akciğer ve cilt zarar yeteneğine sahip güçlü bir koku zehirli bir gaz olarak çıkar . Zehirli oksit gazı emisyon ozmiyum metalkullanımı pratik hale getirir. Bir alaşım katkı ancak oldukça güvenli ve esas olarak platin ve iridyum gibi metaller ile alaşımları sabit hale getirmek için de kullanılır. Bu alaşımlar elektrik anahtarı kontakları , fonograf iğneleri ve dolma kalem ipuçları için kullanılır .

IRIDIUM
Atom numarası : 77
Kimyasal symbol: Ir
Grup VIII B geçiş elementleri

Iridium bir kırılgan sarımsı beyaz bir kıymetli metaldir. Genellikle, platin ya da nikel ihtiva eden cevherler bulunur. Bu cevherlerin ayıran sadece platin ve nikeleşzamanlı iyileşme tarafından haklı bir zahmetli ve masraflı bir iştir . Iridyumbaş uygulama platin ikinci metalin sertliğini artırmak alaşımlar yaratmak için bir katkı maddesi olarak kullanılırlar . Korozyona İridyumun direnç gibi derialtı iğneler ve roket motorları gibi mutlak saflık gerektiren kalemlerinüretiminde de kullanışlı hale getirir .

PLATİN
Atom numarası : 78
Kimyasal sembolü : Pt
Grup VIII B Geçiş Elemanı (Kıymetli Metal)

Platin birçok kullanım kimyasal kararlılık ve hareketsizlik yararlanmak . Bu petrol arıtma , diş hekimliği ,seramik sanayi,elektrik ve elektronik sektörlerinde kullanılan ve son derece takıyapımında duymaktadırlar . Platin de otomobil endüstrisi için faydalıdır. Bu su ve karbon dioksit içine karbon monoksit ve yanmamış yakıt dönüştürme , araçlarınmotorlarından gelen egzoz temizlemek kimyasal reaksiyonlar yardımcı olur. Ayrıca iridyum - platin alaşımı bir çubukkilogram içindünya standardı ,metrik sistemde kitle içintemel birim olarak hizmet vermektedir .

ALTIN
Atom numarası : 79
Kimyasal sembolü : Au
Grup IB Geçiş Elemanı (Kıymetli Metal)

Altın emtia borsalarında işlem gören ve fiyatdalgalanmalarekonomininsağlığının bir göstergesi olarak kabul edilmektedir . Bu en sünek ve tüm metallerin esnektir. Aynı zamanda en reaktif biri olduğu için , onun parlak parlaklık sürdürmek olabilir . Doğada altın genellikle sık sık külçeler veya gevreği gibi , saf bir metal olarak bulunmuştur . Saflığı karat olarak ölçülür. Saf altın 24 ayar altın olduğu söyleniyor . Çok yumuşak olduğundan , ancak, çoğu altın takı 18 ayar altından yapılmış .

MERCURY
Atom numarası : 80
Kimyasal sembolü : Hg
Grup II B Geçiş Eleman

Cıva , oda sıcaklığında sıvı olan ve sıcaklık çok geniş bir aralığı üzerinde ve uygun bir sıvı kalan tek bir metaldir. Cıva içeren bazı ortak ev ürünleri termometreler , barometre , termostatlar , sessiz duvar anahtarları ve floresan ampuller vardır . Cıva endüstriyel uygulamaları difüzyon pompaları ve sokak aydınlatmamavimsi beyaz ışık üretmek civa buharlı lambalar sayılabilir. Cıva amalgamı Başka bir yararlı özelliği olarak bilinen alaşımların oluşturulması için diğer metallerin çözünmesi yeteneğidir. Diş hekimleri genellikle diş doldurmak için gümüş cıva amalgam kullanın .

TALYUM
Atom numarası : 81
Kimyasal sembolü : Tl
Grup III A Post - Geçiş Metal

Talyum ortak bir kaynağı çinko ve kurşun rafine olduğunu. Bu yumuşak ve ağır metal oldukça aktif ve yavaş yavaş hava aşındıran . Talyum ve bileşikleri son derece zehirli ve kansere neden olduğuna dair deliller vardır . Çok düşük konsantrasyonlarda talyum ringworms tedavisinde kullanılmış olmasına rağmen bile, deri ile temas tehlikeli olabilir. Talyum sülfat eskiden sıçan ve böcekleri öldürmek için kullanılan ama şimdi birkaç ülkede yasaklandı , kokusuz ve tatsız bir zehirdir.

KURŞUN
Atom numarası : 82
Kimyasal sembolü : Pb
Grup IV A

Kurşun kolayca her türlü eşyaları yapmak için çalışmış olabilir bir derece uysal bir metaldir . Kurşun sikke ve heykel M.Ö. 5000'e kadar uzanan Mısır mezarlarında bulunmuştur . Bu büyük ölçüde kurşunlu akümülatörlerin elektrotlar yapmak için kullanılır . Kurşun ayrıca bilgisayar ve televizyon setleridevre panolarında elektrik bağlantıları yapmak için kullanılan lehim önemli bir bileşenidir . TV setleri Cam ekranlar radyasyonizleyiciyi korumak için kurşun içerir . Aslında her TV seti kurşun yaklaşık yarım kilo içerir .

BİZMUT
Atom numarası : 83
Kimyasal sembolü : Bi
Grup VA post geçiş Metal

Bizmut hafif sarımsı bir renk olan beyaz , kırılgan bir metaldir. Subnitrat , bizmutbileşiği, ülser tedavisinde bir antasit olarak kullanılmıştır. Bizmut oksit kozmetikte kullanılan popüler sarı bir pigmenttir. Su bizmut gibi sıvı katı değiştiğinde genişlerbirkaç maddelerden biridir . Bu tesis olan hacmi katılaĞırlar sabit kalan alaşımlar yapmak için kullanılır . Bizmut ile alaşımlı Metal erimiş metal ile dolu olsa bile bunların tam boyutları muhafaza yayınları ve kalıplar için de kullanılabilir.

POLONYUM
Atom numarası : 84
Kimyasal sembolü : Po
Grup VI A Metalloid

1898 yılında Marie ve Pierre Curie tarafından polonyumkeşfiatom çekirdeği modern kavramına giden bilimtarihinin en büyük anlarından biri ve yapısı bir anlayış tanımlar .
Polonyum 27 Bilinen izotopları vardır ve hepsi radyoaktif vardır . En hazırbir polonyum 210 , siyanür daha toksik bir gümüş oldukça uçucu metalsi ve 100.000 katıdır .
Radyolojik laboratuvarlarda berilyum toz ile karıştırılmışizotop genellikle nükleer reaktör kullanılmadan nötronların büyük miktarlarda üretmek için kullanılır.

astatin
Atom numarası : 85
Kimyasal sembolü : At
Grup VII Ahalojenler

Astatine küçük miktarlarda uranyum ve toryumbozunma ürünlerinin doğal olarak var .
Astatin ilk alfa parçacıkları ile bizmut bombalayarak radiochemists bir ekip tarafından 1940 yılında üretildi . Astatine bir gram sadece yaklaşık 1000000 aslında yapay olarak üretilmiş olan ve çok az özellikleri hakkında bilinen bu nedenle şaşırtıcı değildir . Biraz daha metalik olabileceğini dair bazı kanıtlar olmasına rağmen, onun kimya iyot buna oldukça benzer olmalıdır .

RADON
Atom numarası : 86
Kimyasal sembolü : Rn
Grup VIII ANoble Gazlar

Radon uranyum ve toryumradyoaktif bozunmaile ürün olarak üretilir . Uranyum eser miktardayerkabuğunda mevcut olduğundan Radon- 222 , en uzun ömürlü izotop topraktaki derişimi sa gaz bulunur . O büyürken , tütün yetiştiricilerinin tarafından kullanılantoprak veuranyum zengin fosfat gübre dan radon tarafından kirlenmeye tabidir .
Bir sigaradatütün yandığı zaman ,solunan duman bir nükleer enerji santralinde bir işçi tarafından karilaildii 1000 kat daha yüksek radyasyon seviyelerineiçen tabi .

fransiyum
Atom numarası : 87
Kimyasal sembolü : Fr
Grup I AAlkali Metal

Fransiyumalkali metallerin ağır ve en istikrarsız bilinen biridir. İzotopları Tüm radyoaktif henüz bile uzun ömürlü izotop francium - 223 sadece 21 dakikalık bir yarılanma ömrüne sahiptir. , 30 bilinen izotoplar , sadece francium 223 doğada var . Fransiyum diğer izotoplarının tüm hızlandırıcılar ve nükleer reaktörlerde yapay üretilen ve herhangi derinlemesine incelenmesi gereken çok kararsız vardır . Eleman Marguerite Perey Paris'teCurie Enstitüsü'nde çalışan tarafından 1939 yılında keşfedildi . Bu keşfedildi hangiülke için adlandırılır .

RADIUM
Atom numarası : 88
Kimyasal symbol: Ra
Grup II A- toprak alkali metaller

Radyum 1898 yılında Marie ve Pierre Curie tarafından keşfedilmiştir . Radyum ve polonyumkeşfi için , Marie Curie kimya dalında Nobel Ödülü'ne layık görüldü . Bu ikinci onun oldu ; o radyoaktivite buluşları için 1903 yılında kocası ve Henri Becquerel ile birlikteilk paylaşılan vardı .
Saf radyum metal parlak beyaz bir renge sahiptir ve bir soluk mavi renk veren kapalıkaranlıkta parlıyor o kadar ışıldayan olduğunu. Radyum kanser tedavisi için kullanılan radyoaktif gazı radon oluşturmak için birçok tıbbi tesislerde kullanılır.

aktinyum
Atom numarası : 89
Kimyasal symbol: Ac
Grup III B Geçiş Elemanı (Aktinitler)

Aktiniyumuzun ömürlü unsurlar radyum ve toryumradyoaktif bozunma tarafından doğal olarak üretilen bir radyoaktif elementtir . Bunun çok küçük miktarlarda yapay olarak üretilmiş edilmiş ve çok sınırlı bir ticari bir uygulama vardır. Kimyasal özellikleri, lantan benzemektedir . Ayrıca lantan gibi, lantanidlerin benzer olan aktinitler adı elemanları bir dizi ilkidir . Nadir toprak elementleri gibi , bu elemanlar, bir iç kabuk orbital elektron ekleyin ve dolayısıyla benzer fiziksel ve kimyasal özelliklere sahiptir.

TORYUM
Atom numarası : 90
Kimyasal sembolü : Th
Grup IIIB Geçiş Elemanı (Aktinitler)

Toryum havaya maruz kaldığında çok yavaş matlaşır radyoaktif bir gümüşümsü beyaz metaldir . Florida sahillerde bulunan bazıları Monazit kum % 10 toryum kadar içerebilir. Onun radyoaktivite rağmen , toryum ve bileşikleri çeşitli ticari uygulamaları var . Bu elektronik cihazlar için elektron etkili bir verici olarak hizmet vermektedir. Yanma ayrıca bazı portatif gaz lambaları imalatı içinde yararlı yapar iken de oksit yayanparlak ışık . Toryum 232 , 14 milyar yıllık bir yarılanma ömrü ile bir izotopgelecekte nükleer enerji kaynağı olma büyük olacağını göstermektedir .

PROTACTINIUM
Atom numarası : 91
Kimyasal sembolü : Pa
Grup III B Geçiş Elemanı (Aktinitler)

Bu kıt ve tüm doğal olarak var olan elemanların en pahalı biridir. Sadece birkaç yüz gram çalışma için kullanılabilir. Yarım milyon dolarlık bir maliyetle cevherinin 60 ton elde nerede bu yetersiz miktarı büyük ölçüde 30 yıl önce İngiltere'de üretildi . Çok değil, onun fiziksel ve kimyasal özellikleri hakkında bilinmektedir. Bu oksidasyon hava yoluyla çok yavaş kaybeder parlak bir cila ile bir gümüş , beyaz bir metaldir. Bu da çok toksik olduğu bilinmektedir .

URANYUM
Atom numarası : 92
Kimyasal sembolü : U
Grup III B Geçiş Elemanı (Aktinitler)

Uranyum ve son doğal olarak oluşan elemanların ağır olan . 1841 yılında keşfedilen , tespit edilecekilk radyoaktif element oldu. Uranyum deneyleri ile 1930sonlarında Alman bilim adamları Lise Meitner ve Otto Hahn sonra bir nükleer fizyon olarak tanındı bir süreç görülmektedir . Kendilerineuranyum çekirdeğininfizyon sırasında serbestnötronlarınyeteneği diğer uranyum çekirdekleri hızlı bir şekilde kendi kendini idame ettiren zincir reaksiyonu . Kontrol edildiğinde, bu reaksiyon, nükleer reaktörlerin eldeenerji üretir yaratmak içinbilim adamları tarafından kullanılmıştır bölünmüş . Kontrolsüz Ne zaman bir atomik patlama yaratabilir .

neptunyum
Atom numarası : 93
Kimyasal sembolü : Np
Grup III B Geçiş Elemanı (Aktinitler)

Neptünyumunilk yapay üretilen uranyum unsuru oldu. 1940 yılında Berkeley'deki CaliforniaÜniversitesi'ndesiklotronun çalışan ABD fizikçiler Edwin McMillan ve Philip Abelson nötronlar uranyum bombalayarak Neptünyumun üretti. Şimdi neptunyum d eser miktarlarda aslında uranyum elemanının nötroneylemlerinin bir sonucu olarak doğada var olduğu bilinmektedir. Önceki neptünyum 18 izotopları radioactive.the en önemli ve üretilecek olan ilk 2100000 yıllık bir yarı ömür ile neptunyum 237 idi hepsi üretilmiştir.

plutonyum
Atom numarası : 94
Kimyasal sembolü : Pu
Grup III B Geçiş Elemanı (Aktinitler)

Termal nötronlar ile bombardıman zaman kolayca fissions çünkü plütonyum 15 bilinen izotoplar radyoaktif hepsini . Plütonyum 239en önemli sahiptir . Uranyum 235 gibi kendi atomlarınçekirdeklerinin enerji büyük miktarda serbest ve bir zincir reaksiyonu sürdürmek için daha fazla nötron üreten (fisyon parçaları denir) iki orta boy çekirdekleri ayrılır . Toz berilyum ile karışık , bilimsel çalışma için nötronların etkili bir kaynağıdır. Plütonyum nükleer reaktörlerde büyük miktarlarda üretilebilir. Onun bereket nükleer silahlar içinbir numaralı seçim yaptı .

Amerikum
Atom numarası : 95
Kimyasal sembolü : Am
Grup III B Geçiş Elemanı (Aktinitler)

Bu amerikyum - 241 , radyoaktif , bütün bunlar14 bilinen izotopların birini üretti Glenn Seaborg.His ekibininönderliğinde kimyagerler bir ekip tarafından 1944 yılında keşfedildi . Americium 241 nükleer reaktörlerde büyük miktarlarda yapılır. Yaydığıyoğun gama ışınları X - ışınları taşınabilir bir kaynak olarak çok yararlı hale getirir . Ayrıca duman dedektörleri kullanılır .

curium
Atom numarası : 96
Kimyasal sembolü : Cm
Grup III B Geçiş Elemanı (Aktinitler)

Curium çok reaktif bir gümüşümsü beyaz metaldir . Keşfedilecek olan 14 bilinen izotoplarının ilk curium 242 oldu. Curium 242 ve 244 curium uzak bölgelerde enerji kaynağı olarak kullanılmaktadır. Bu izotoplar yayanışın termoelektrik cihazlar tarafından ısıya ve daha sonra elektrik enerjisine dönüştürülebilir. Bu nispeten kısa bir yarı ömre sahip olsa da, küriyum 242 güç çıkışı gramı başına örneğin yaklaşık iki ya da üç watt etkileyicidir. Bu kompakt üniteler kalp pilleri , uzaktan seyir şamandıralar ve uzay için yararlıdır .

Berkelium
Atom numarası ; 97
Kimyasal sembolü : Bk
Grup III B Geçiş Elemanı (Aktinitler)

George Seaborg , Stanley Thompson ve Albert Ghiorso oluşan bir ekip tarafından 1949 yılında UC Berkeley'de keşfedildi vekasaba almıştır . Bunlar, alfa parçacıkları Amerikyum 241 bir örnek bir cyclotron bombardımanı kullanarak sentezlendi . 249 berkelyum kullanarak, berkelyum klorür bir gram 3000000000 üretmek 1962 mümkündür. Hiçbir ticari veya bilimsel uygulamalar henüz geliştirilmiştir .

kaliforniyum
Atom numarası ; 98
Kimyasal sembolü : Cf
Grup III B Geçiş Elemanı (Aktinitler)

Bu alfa partikülleri ile laboratuvarda küriyumun 242 bombardıman siklotron kullanarak kimyagerler bir ekip tarafından keşfedildi . KaliforniyaEyaleti adınıizotop californium 252 kendiliğinden nötron yayar . Nötron kaynakları gelmek bazen zordur . Nükleer reaktör gereklidir veya plutonyum gibi alfa parçacıklarının bazı son derece radyoaktif yayıcı berilyum tozu ile karıştırılarak alınmalıdır Ya . Bir son derece portatif nötron kaynağıkeşfi californium 252.It için birçok olası uygulamaları kolayca toprak petrol içeren tabakaların analizi için veya altın ve gümüş madencilik içinalanlara alınabilir göstermektedir.

Einsteinium
Atom numarası : 99
Kimyasal sembolü : Es
Grup III B Geçiş Elemanı (Aktinitler)

252 gün yarılanma ömrü ileen istikrarlı varlık Einsteinium 254 , bilinenPacific.16 izotoplar hidrojen bombası patlamasıenkaz araştıran Albert Ghiorso ve onun co - işçi , 1952 yılında bu eleman keşfetti. Bu izotopların çoğu nötron yoğun kirişler ile plütonyum 239 ışınlayarak Tennessee, Oak Ridge Ulusal Laboratuvarı'ndaHigh Flux İzotop Reaktör üretilmiştir .

fermium
Atom numarası : 100
Kimyasal sembolü : Fm
Grup III B Geçiş Elemanı (Aktinitler)

Einsteinium gibi , Fermium Ghiorso vePasifik'teki hidrojen bombası patlamasıenkaz işçiler tarafından 1952 yılında tespit edilmiştir . Enrico Fermi adını fermium izotopları genellikle yoğun nötron bombardımanına uranyum ve plütonyum gibi unsurları tabi tarafından sentezlenir . Bir nötron zengin bir ortamda , uranyum gibi bir elemanın sıklıklaağır uranyum elementleri üretmek gibi birçok 16-17 gibi nötronları absorbe arda nötron yakalama tabi olabilir .

Mendelevium

Atom numarası : 101
Kimyasal sembolü : Md
Grup III B Geçiş Elemanı (Aktinitler)

Dmitri Mendeleyev adınıdokuzuncu yapay uranyum elementi Albert Ghiorso altında bir grup bilim adamı tarafından 1955 yılında keşfedildi .Ekibi sonunda alfa parçacıkları (helyum çekirdeği) ile Einsteinium 253 bombardıman ve Berkeley'dekisiklotrondan kullanılan sürekli ağır elementler için kendi arama devam Mendelevium 256 fabrikasyon .küçük miktarlardaki belirlenmesi çok zor yaptı . Genellikle , bu eleman her seferinde bir atom sentezlendi söylenir. Mendelevium izotopların sadece eser miktarda yapılmış ve küçük bunların kimya bilinmektedir.

Nobelium

Atom numarası : 102
Kimyasal sembolü : Hayır
Grup III B Geçiş Elemanı (Aktinitler)

Nobelium 254 yaratırken , Ghiorso ve meslektaşlarıAğır İyon Lineer Hızlandırıcı kullanılarak karbon 12 iyonlarıyla küriyum 246 bir örnek bombaladı. 11 izotoplar kadar sentez edilmiştir ve tüm radyoaktif vardır . Nobelium 259uzun 57 dakikalık bir yarılanma ömrü ile yaşamış olduğunu. Alfred Nobel'in için Named , onun kimyasal ve fiziksel özelliklerininçalışma izin verecek kadar büyük miktarlarda üretilmektedir.

Lawrencium

Atom numarası : 103
Kimyasal sembolü : Lr
Grup III B (Aktinitler)

Keşifler onların şaşırtıcı dize sürdüren ,Berkeley bilim adamları bor 10 ve bor Ağır İyon Lineer Accelerator kullanarak 11 iyonları ile kaliforniyumun 3 izotoplarının karışımı bombardıman tarafından 1961 yılında Lawrencium sentezlenen ve izole . Hedef henüztakım 4 saniye yarılanma ömrü ile 258 lawrencium üretimi için yönetilen bir gram sadece birkaç milyonda tartılır . Bu Ernest O.Lawrence ,siklotronunmucidi onuruna seçildi .

Rutherfordium

Atom numarası : 104
Kimyasal symbol: Rf
Grup IV B A transactinide

Rekabet iddiaları öyküsü elemanı 104adlandırma karıştı . Berkeleyekibi yanı sıra elemanı 104 için kredi talep etmiştir.Amerikalı iddiasıgün kazandı Rusya'dan bir grup . BuYeni Zelandalı Ernest Rutherford almıştır !

dubnium
Atom numarası : 105
Kimyasal sembolü : Db
Grup VB A transactinide .

Onun keşif tartışmalı iddiaları unsuru 105 rahatsız etmektedir . 1970 yılında Ghiorso ve Berkeley ekibi ağır azot 15 iyonları ile californium 249 bombardıman ve olumlu onlar Otto Hahn adını ve American Chemical Society ciro eldeelemanını belirledi. Ancak 1997 yılındaIUPAC t Dubnium içinadını değiştirin verdi . Bu kimyasal ve fiziksel özellikleri bilinmemektedir.

seaborgium
Atom numarası : 106
Kimyasal sembolü : Tr
Grup VI B A transactinide

Diğer iki tartışmalı elemanları gibi, bu isimhakkı ile birlikte elemanı 106 keşifiddia anlaşmazlık konusu oldu. 1974 yılında , Rus ekibi unnilhexium üretilmiş olduğunu ilan etti . Deneyler onların sonucu teyit etmek için başarısız oldu , çünkü onların iddia şüphe vardı . Aynı zamanda, Berkeley bilim adamları , oksijen 18 ile californium 249 bombardıman sonrası unnilhexium 263 keşfini bildirdi . , 1993 yılındaLawrence Livermore ve Berkeley Laboratuvarları bilim adamlarıdeneyi tekrarladı vesonucu doğruladı. Glenn Seaborg onuruna seçildi .

bohrium
Atom numarası : 107
Kimyasal sembolü : Bh
Grup VII B A transactinide

1981 yılında , unnilseptium yaratılmasıGSI de Darmstadt , Almanya'da çalışan fizikçiler tarafından açıklandı . Ekip Neils Bohr sonraadı nielsbohrium önerdi. Onların araştırma iddialarıIUPAC tarafından 1992 yılında teyit edildi . 1997 yılında , onlar bohrium içinadını değiştirdi .

HASSIUM
Atom numarası : 108
Kimyasal sembolü : Hs

Grup VIII B A transactinide

1984 yılında Peter Ambruster ve Gottfried Munzenberg'dan tarafından bir takım kurşun unniloctium , elemanın 108çıkarıldığını duyurdu . Bu bohrium sentezlediğiaynı takım oldu . Onlar önerilenisimAlman devlet Hesse için haasiaLatince isminden sonra hassium oldu . 1992 yılındaIUPACbulguları veismini doğruladı . Kimyasal ve fiziksel özellikleri bilinmemektedir.

meitnerium
Atom numarası : 109
Kimyasal sembolü : Mt
Grup VIII B A transactinide

1982 yılında ,Darmstadt ekibi, yüksek enerji , demir iyonları 58 ile 209 bizmut bombalayarak elemanın 109çıkarıldığını duyurdu . Bu görünse de inanılmaz sadece 3 atomları oluşturulan ve 3.4 saniyenin binde bir konuda çürümüş edildi . Onlar yumruk Otto Hahn ile birlikte nükleer fizyon tarif etmişti Lise Meitner sonra isim önerdi .

UNUNNILIUM
Atom numarası : 110
Kimyasal sembolü; Uun
Grup VIII B A transactinide

Almanya'da GSI çalıştıktan sonra yaklaşık 10 yıl uluslararası bilim adamları başarıyla yeni bir eleman 110 , dört ya da beş atomlar oluşturulur . Onlar nikel , bu hızlı hareket eden atom ile kurşun ince bir folyo bombardıman yüksek hızlarda nikel atomu götürmek için büyük bir hızlandırıcı kullanma. Yeni eleman hızla ayırır ve hafif atomların içine düşer. Bu onun çürüme sürecinde yaydığı4 alfa parçacıkları tarafından tespit edildi .

UNUNUNIUM
Atom numarası : 111
Kimyasal sembolü : Uuu
Grup IB A transactinide

Elemanının 111 kimyasal özellikleri bilinmemektedir. Bu altın ve gümüş gibiaynı sütunda yatıyor gibi muhtemelen bir metaldir. Yüksek hızlarda nikel atomları hızlandırarak sonra Alman araştırmacılar, bu hızlı hareket eden nikel atomları ile bizmut bombaladı. Bu eleman 114 yakın elemanları için bir ' istikrar adası ' var olduğuteorisini destekliyor gibi bu elemanınkimlik önemlidir .Eleman ununnilium yaklaşık 8 kat bir yarı ömrü vardır.

UNUNBIIUM
Atom numarası : 112
Kimyasal sembolü : Uub

Grup II B A transactinide

Şubat 9,1996 üzerinde GSI Almanya'da Peter Ambruster altındauluslararası bir ekip elemana 112 tüm kredi oluşturulacağını açıkladı . Onlar kurşun hızlı hareket eden mermi ile yüksek hızlarda hızlandırılmış olmuştu çinko atomları bombardıman etmişti . Çarpışma sırasında bir çinko atomukurşun atomu ile kaynaştırmak için başardı .

UNUNQUADIUM
Atom numarası : 114
Kimyasal sembolü : Uuq
Grup IB A Transcatinide

1999 yılında Rusya'da Nükleer Araştırmaortak Enstitüsü'nde bilim adamlarından oluşan bir ekip , yeni bir ultra - heavy metaloluşturulacağını açıkladı. Ekip kalsiyum 48 çekirdekleri bir ışın ile plütonyum 244 bombardımanına bir cyclotron kullanılmaktadır . Bombardımandan yaklaşık 40 gün sonra , 94 protonlar 114 protonlar için bir öğe üreten plütonyum çekirdeği ile kaynaşmış olan bir 20 proton Calicium çekirdeği. Kararsız olmasına rağmen bu , nispeten uzun bir süre yaşadı.

Doğanın gizli cevaplar bulmak içinkararlılık dindi değil . Yeni arayışlar superheavy elemanları içinhiç devam aramada kalır. Bu çabanın arkasındakiitici güçelemanlarınınnükleer ve kimyasal özellikleri çalışmanın yeni ve zengin bir alan başlatacaktır bilgi içinaramasıdır .

İstikraradası oluşturan unsurlarınarama için bir daha faydacı motivasyon da vardır . Birçok bilim adamı, bu yeni unsurlar, daha önce hiç görülmemiş egzotik özellikleri olan alışılmadık malzemeler oluşturacak örneğin inanıyorum . Bu çaba aranmaktadırcevaplarevrenin anlayışımıza temel öneme sahiptir .